U0352196

100 CONTRIBUTORS 2000 DESIGN
SCHEMES 10000 ILLUSTRATIONS
100×2000×10000
一百家投稿单位 两千个设计方案 一万张图片

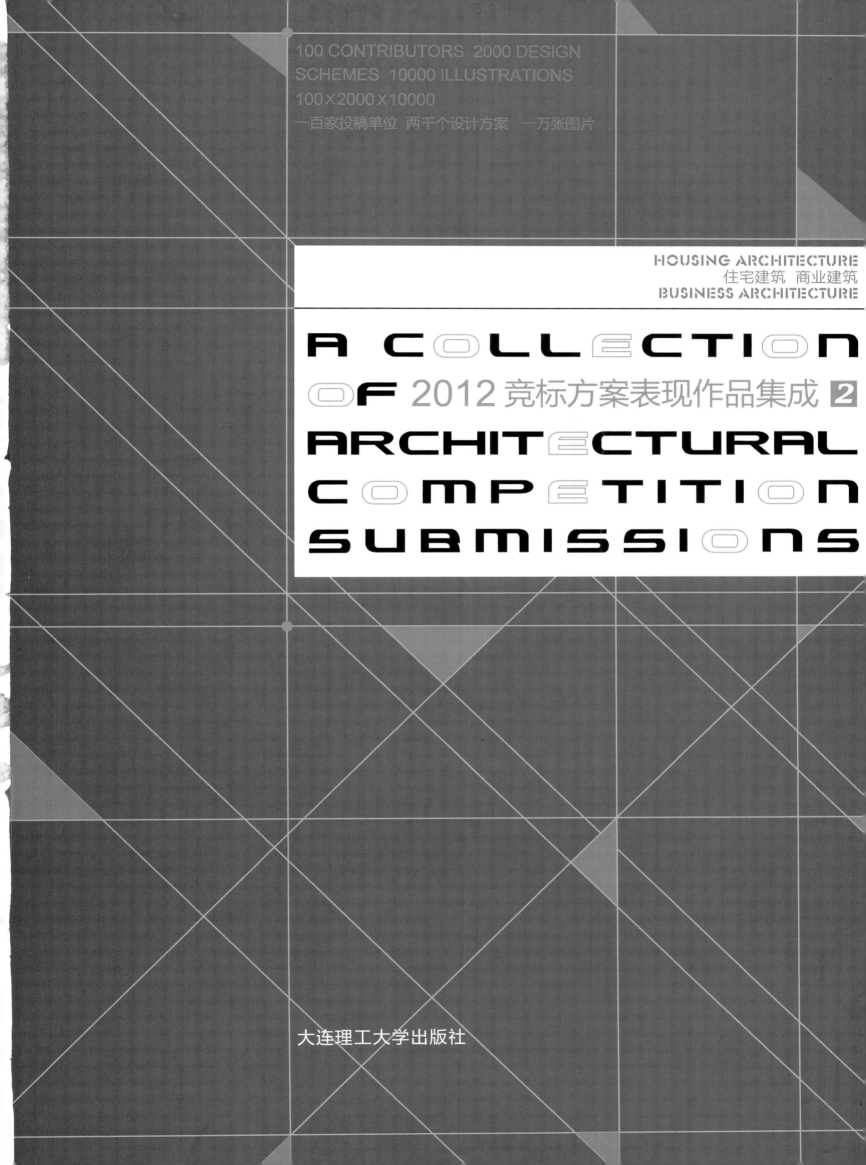

HOUSING ARCHITECTURE
住宅建筑 商业建筑
BUSINESS ARCHITECTURE

A COLLECTION
OF 2012 竞标方案表现作品集成 ②
ARCHITECTURAL
COMPETITION
SUBMISSIONS

大连理工大学出版社

图书在版编目(CIP)数据

2012竞标方案表现作品集成. 1、2 / 刘师生，扬帆
主编. —大连：大连理工大学出版社，2012.10
　ISBN 978-7-5611-7327-5

Ⅰ. ①2… Ⅱ. ①刘… ②扬… Ⅲ. ①建筑设计－作品
集－中国－现代 Ⅳ. ①TU206

中国版本图书馆CIP数据核字（2012）第225420号

出版发行：大连理工大学出版社
　　　　　（地址：大连市软件园路 80 号　　邮编：116023）
印　　　刷：深圳市彩美印刷有限公司
幅面尺寸：235mm×320mm
印　　张：50
出版时间：2012 年 10 月第 1 版
印刷时间：2012 年 10 月第 1 次印刷
责任编辑：张昕焱
封面设计：林　立　　王志峰
责任校对：张媛媛

书　　号：ISBN 978-7-5611-7327-5
定　　价：778.00 元（共 2 册）

发　行：0411-84708842
传　真：0411-84701466
E-mail：12282980@qq.com
URL：http://www.dutp.cn

CONTENTS 目录

2012 A Collection of Architectural Competition Submissions
100×2000×10000
100 Contributors, 2000 Design Schemes, 10000 Illustrations

王建
上海艺酷数字科技总经理
上海展德设计院副总经理

自人类社会诞生以来，艺术便不断被研究与传承。有诗云："北方有佳人，绝世而独立。一顾倾人城，再顾倾人国。"美好的艺术亦如李延年笔下的北方佳人，带给人们的不仅仅是赏心悦目，更是一种触动心灵的不断回味。建筑及表现手法之艺术，秉自然艺术之清新，承社会艺术之灵气，千百年来，犹如一部不褪色的史书，让我们对话古今的同时，给我们展现出一幅关于建筑演变的历史画卷。

而这一切都要归功于那些艺术工作者——古代的画师们。他们凭借卓越的绘画技能、娴熟的表现手法，把同时代的建筑描绘得栩栩如生，建筑及建筑表现从此以一种最朴素的形式翻开了人类文化史上炫丽的一个篇章并绵延千年。今天，在计算机技术的推动下，它便演化成一支独立的文化产业——建筑数字表现。它以其多视角的模型、逼真的效果、真实的环境以及对复杂细部的表现，迅速引起了设计师们的青睐。它把设计师抽象的思想以一种实景再现的方式把原本不存在的东西以影像的形式呈现在大家面前，从而为设计师、开发商及业主之间进行意见商榷、交流搭起了一座沟通的桥梁。本作品集正是精心挑选并收录了全球范围内建筑设计与建筑表现领域里的最新力作，创意的建筑方案设计、震撼的技术表现手法，作品丰富，说明通俗易懂，无论你是一名资深设计师还是初窥门径的设计新手，通过阅读本书都将收获不少的启迪。

最后，我祝愿《2012竞标方案表现作品集成》能够一如继往地为建筑界的友人提供一个权威性更强、覆盖面更广的交流平台，为世界建筑的发展与人类文化的传承做出更大的贡献。

是以为序。

序 言
PREFACE

A COLLECTION
OF 2012 竞标方案表现作品集成
ARCHITECTURAL
COMPETITION
SUBMISSIONS

韩健 ID：狂潮鸣天
映像社稷（北京）数字科技有限责任公司

很荣幸上海中讯文化传播有限公司给予的这次阐述《2012竞标方案表现作品集成》序言的机会，建筑表现行业的宣传一直需要宽广的平台，就像您看到的这套专业图集，对建筑表现行业的精髓积累展现在大家眼前，给业内人士提供了极其丰富且富有内涵的思维篇章，感谢贵公司精力打造的这套典籍。

当前的建筑表现行业已经经历了多年的历练，不管是在手法和技巧上、软件和硬件上都不停地在促进这个行业的变革，有过多年从业经验的同行们也都应该察觉到了行业的进化，每天查阅学习新技术、新理论就是为了赶上行业的发展，我很期待建筑表现的理想状态，有种倍感神秘的色彩。

扣题本书，竞标方案的表现，想必大家已经参与过很多这种模式的项目，竞标对于建筑设计师来说是很重要的一个因素，考验的不仅是设计师的个人思维能力，更重要的是团队的整体素养，到了建筑表现的环节，同行们需要围绕设计师的思维来考虑对项目的深化处理，这时考验咱们的就是想法及创意，用来表达建筑的灵魂所在。所以对于同行们来说理解项目的初始阶段很重要。感觉建筑表现阶段需要各方面的专业知识及技巧、个人对美术色彩的修养、软件的熟练操作，新奇手法等多方面的知识，查阅资料点亮自己的思维，锻炼并体现了同行们的综合能力，创造出富有内涵的作品。听很多朋友们讲过中国的建筑表现行业在世界上来说也很前卫，行业从上世纪90年代初发展到现在步伐很快，软件对于多个行业的进步都起到了重要的作用。所以对于同行们来说理解每个项目在不断变化提升，经过这些年的发展，行业的技术水平和服务质量都有了长足的进步，市场需求和技术的进步也促使专业的建筑表现公司不断地开拓新的技术手法，使本行业向更深层次发展。

中国的建筑表现市场已经开始成熟了，各方面综合能力的强大是你存在于这个行业的基础，也是避免被竞争淘汰的武器，国家的发展对建筑行业一直都提供了很大的机遇，希望中讯公司提供的这个平台长久地发展下去，咱们一起来关注今年的《2012竞标方案表现作品集成》，此平台为建筑表现的同行们保驾护航，咱们一起期待中国的建筑表现行业即将迎来的发展浪潮！

童连杰 ID：123tony
宁波市江北筑景建筑设计表现中心

有人说我好"炫色"，这个"好"字含有偏执成分。不过个人觉得这并没有坏处，相反由此产生我独特风格。

有人说我绘图玩"色彩"，这个"玩"字含有不屑的成分。不屑由他不屑，谁让我喜欢画图呢，"色彩"我自研究之。不过我个人觉得我并没有把颜色运用到极致，更没有把颜色运用得心应手，我还只是停留在视觉感官享受的地步，这是十分肤浅的一步，画多了就感觉很不满足。

似乎我更应该帮助我们刚入行的"年轻"一代同行们，也许在那里我能得到更大的快乐。

沈阳
深圳市水木数码影像科技有限公司

时值公司成立十周年之际，欣闻上海中讯文化传播有限公司邀请，为新一套《2012竞标方案表现作品集成》写点东西，思绪万千。辗转表现行业已经十年有余，酸甜苦辣个中滋味尽上心头，期间彷徨过、忧郁过、高兴过、洒脱过。可以说把人生中很宝贵的十年光阴都奉献给了无比伟大的建筑表现事业。

建筑表现行业无疑跟国家的建设发展息息相关，在中国大地上大举建设之时，就是表现行业蓬勃发展之际。但是任何事情发展都有自己的轨迹，2012年可以说对房地产整个行业链都是一个挑战，对创业者来说公司只能前进不能后退，只能发展不能退缩。

曾几何时，对于何为好的作品标准迷茫过，做出一些有个性的效果图还是顺应客户要求的商业图，在两者之间作出平衡非常苦恼。随着年纪的增长，经验和阅历的累积，现在不再纠结这样一些问题，其实只有一种答案，那就是客户满意。既然是一个产品，不能自以为曲高和寡，愿意高处不胜寒，从而一个人躲在角落里孤芳自赏。最后的结果只能是脱离社会，自寻烦恼。一张图的好坏当然是有标准的，但是表现形式是多样的，随着全模表现的兴起，各个公司的图片作品在整体素质上已经很难拉开距离，或者说有明显的区别，但是注重细节（建筑模型的细部和灯光的细节）的处理，还是会让人眼前一亮。以后10年、20年建筑表现的方式是什么，或者说以后这个行业的发展是如何的，谁也难说清。不过个人觉得，10年、20年后的建筑表现回归朴实、真实是一个趋势，摒弃过多不必要的装饰，减少不符合项目定位的花哨细节，就像欧美的一些效果图一样，强调建筑的形体、建筑和周围环境的融合、人在建筑中的感受才是最重要的，其它的配景都是其次的。

最后衷心希望地产的冬天早日离去，那个时候新一轮的机遇又会降临，也祝上海中讯《2012竞标方案表现作品集成》出版成功。

总经理 张迺刚
天津景天汇影数字科技有限公司

首先感谢大家对本书的支持：建筑表现行业走到今天也经过了十多个年头了，规模、流程等各方面都经历了较大的变化，本人从事本行业多年，简单地和大家讨论一下行业的发展，希望对新入行的朋友有所帮助。

首先建筑表现这个行业和很多行业的不同之处就是需要一直学习和创新。本人认为要想做好建筑表现需要做到以下几点：建筑体量关系的塑造，整体画面色调的把握，颜色搭配，摄影机角度构图以及材质和光线的表现。虽然现在一般都是全模型渲染，很多人认为渲染技术是建筑表现中最为重要的步骤，其实一张优秀的建筑表现作品是技术和意识的结合，通过使用软件技术将美术方面的相关知识转化到计算机图像中，学会运用软件作为工具去完成表现作品是关键，好的艺术修养配合高超的软件技术是能制作出精华作品的最理想状态。平时多看一些摄影和美术书籍，提高自身的艺术修养是非常重要的。

希望从业者从自身的兴趣和工作责任心出发去完成每一张图，任何时间和条件下都要尽自己能力去使其达到理想效果，不断思考，不断创新。制作的过程是一个改变和选择的过程，改变需要不断地创新和推翻自己，选择则是在众多方案中选取和舍弃，这两个过程是痛苦的过程，也是追求完美的过程，同时也是制作一幅优秀作品的必经之路。

学习软件是一件很有趣的事，它能够辅助你做出你想要的效果，不同的软件好像不同的画笔一样，只有真正地了解它才能把它发挥得淋漓尽致，同样的软件不同人使用得到的效果会差距很大，也是这个行业让人感兴趣的地方。

希望大家能以兴趣出发走上这个行业，同时也享受着整个工作的过程，经常转换的思维方式能带来很多新的启发，学习的旅途上失去多少和收获多少不是单一存在的，带给大家最大的收获就是学会了创新，开动脑筋和变相思维。希望大家都能热爱自己选择的这个行业，不断地突破和提升自己。

竞标方案表现作品集成 ②

A COLLECTION OF ARCHITECTURAL COMPETITION SUBMISSIONS

住宅建筑
Housing Architecture

别墅
Villa

多层及小高层住宅区
Multi-storey and Medium Height Housing

商业建筑
Business Architecture

旅游度假区及会所
Tourist Resorts Area and Club

商业步行街
Commercial Walking Street

①

住宅建筑 /**Housing Architecture**

406/407 别墅 / Villa

① 滇池公园地产 / 绘制：丝路数码技术有限公司
② 芭东小镇 / 绘制：丝路数码技术有限公司
③ 吴中某项目 / 设计：合室 / 绘制：丝路数码技术有限公司

温泉小院 / 绘制：杭州天朗数码影像设计有限公司

住宅建筑 /**Housing Architecture**

410/411 别墅 /Villa

广厦新城 / 设计：中国建筑设计研究院有限公司 / 绘制：丝路数码技术有限公司

②

住宅建筑 / **Housing Architecture**

412/413 别墅 / Villa

① 呼和浩特某别墅 / 绘制：杭州弧引数字科技有限公司
② 金领别院 / 设计：中科院建筑设计研究院有限公司 / 绘制：杭州炫蓝数字科技有限公司

②

②

①

住宅建筑/Housing Architecture

414/415 别墅/Villa

① 海南某住宅/设计：上海栖城/绘制：上海鹏丝数字科技有限公司
② 某顶目/设计：未明建筑设计咨询（上海）有限公司/绘制：上海翰映数码科技有限公司

①

①

①

① 将军镇 / 设计：上海米川建筑设计事务所 / 绘制：上海瑞丝数字科技有限公司
② 某高档小区 / 绘制：黑龙江省日盛图像设计有限公司

②

③

住宅建筑 / Housing Architecture

418/419 别墅 / Villa

① 金华桂花城 / 设计：大地建筑事务所（国际）杭州分公司 / 绘制：杭州潘多拉数字科技有限公司
② 复地集团项目 / 设计：天华一所 / 绘制：丝路数码技术有限公司
③ 上海宝山某别墅 / 设计：上海三益建筑设计有限公司 / 绘制：上海艺酷数字科技有限公司

③

③

住宅建筑 / Housing Architecture

420/421 别墅 / Villa

① 上海九龙仓 / 设计：天华一所 / 绘制：丝路数码技术有限公司
② 大庆兰德湖 / 设计：青岛腾远设计事务所研究院 / 绘制：丝路数码技术有限公司
③ 某小区 / 设计：江苏省院 / 绘制：丝路数码技术有限公司

②

①

住宅建筑／**Housing Architecture**

422/423　别墅／Villa

① 慈溪保利滨湖天地／设计：保利地产／绘制：杭州潘多拉数字科技有限公司
② 罕台别墅／设计：城建 刘工／绘制：深圳市水木数码影像科技有限公司
③ 朝阳洲别墅／设计：江西省建筑设计研究院／绘制：南昌浩瀚数字科技有限公司

②

③

①

①

① 海约基地 / 设计: 笔奥设计 / 绘制: 宁波市江北筑景建筑设计表现中心
② 诸暨东白绿苑 / 设计: 大地建筑事务所（国际）杭州分公司 / 绘制: 杭州潘多拉数字科技有限公司

①

②

住宅建筑 /Housing Architecture

426/427 别墅 /Villa

御景湾 / 设计: 宁波广博建设开发有限公司 / 绘制: 宁波市江北筑原建筑设计表现中心

①

②

①

③

④

住宅建筑 / **Housing Architecture**

428/429　别墅 / Villa

① 御景湾 / 设计: 宁波广博建设开发有限公司 / 绘制: 宁波市江北城展建筑设计美境中心
② 杭州御园项目 / 设计: GAD绿城设计 张凯俊 / 绘制: 杭州同创建筑景观设计有限公司
③ 团泊湖温泉别墅 / 设计: 波垲特（北京）建筑设计顾问有限公司 / 绘制: 天津泛大江整数字科技有限公司
④ 美兰湖英别墅 / 设计: 上海恩威建筑设计有限公司 / 绘制: 上海纳盛天建筑设计有限公司

住宅建筑 / Housing Architecture

430/431 别墅 / Villa

丽华项目 / 设计：上海恩威建筑设计有限公司 / 绘制：上海鼎盛建筑设计有限公司

住宅建筑 /**Housing Architecture**

432/433　别墅 /Villa

① 绍兴保利湖畔林语 / 设计：保利地产 / 绘制：杭州潘多拉数字科技有限公司
② 慈溪保利滨湖天地 / 设计：保利地产 / 绘制：杭州潘多拉数字科技有限公司
③ 绍兴东湖玫瑰园别墅 / 设计：中国美术学院风景建筑设计研究院 / 绘制：杭州博凡数码影像设计有限公司

住宅建筑 / Housing Architecture

434/435 别墅 / Villa

某项目 / 设计：合生创展 / 绘制：上海翰境数码科技有限公司

① 某项目 / 设计：合生创展 / 绘制：上海翰境数码科技有限公司
② 慈溪保利浴湖天地 / 设计：保利地产 / 绘制：杭州潘多拉数字科技有限公司

住宅建筑 / **Housing Architecture**

438/439 别墅 / Villa

泰昌某项目 / 设计：上海筑博建筑设计有限公司 / 绘制：上海艺筑图文设计有限公司

①

②

③

④

住宅建筑 / Housing Architecture

440/441　别墅 / Villa

① 某高尔夫别墅 / 设计：上海恩威建筑设计有限公司 / 绘制：上海鼎盛建筑设计有限公司
② 科技新苑别墅 / 绘制：上海海纳建筑动画
③ 湖州某项目 / 设计：上海PRC建筑咨询有限公司 / 绘制：上海瑞丝数字科技有限公司
④ 天津杨柳青别墅 / 设计：上海豪张思建筑设计有限公司 / 绘制：上海鼎盛建筑设计有限公司
⑤ 国恒西溪公馆 / 设计：上海中房建筑设计有限公司 / 绘制：上海鼎盛建筑设计有限公司

⑤

住宅建筑 /Housing Architecture

442/443 别墅 /Villa

① 之河湾 / 设计：澳大利亚 BBC 建筑景观工程设计公司 / 绘制：杭州炫蓝数字科技有限公司
② 某项目 / 绘制：杭州炫蓝数字科技有限公司
③ 常州某住宅小区 / 设计：澳大利亚 BBC 建筑景观工程设计公司 / 绘制：杭州炫蓝数字科技有限公司
④ 之河湾 / 设计：浙江华坤建筑设计院有限公司 / 绘制：杭州炫蓝数字科技有限公司

③

④

①

①

住宅建筑 /Housing Architecture

444/445 别墅 /Villa

① 上海九龙仓项目 / 设计：上海天华建筑设计有限公司 / 绘制：丝路数码技术有限公司
② 昆山花桥某项目 / 设计：天华二所 / 绘制：丝路数码技术有限公司
③ 高邮某住宅区 / 设计：炎黄 / 绘制：丝路数码技术有限公司

②

住宅建筑 / Housing Architecture

446/447 别墅 / Villa

① 怀化某住宅 / 设计：深圳万脉世纪建筑设计 戴工 / 绘制：深圳市水木数码影像科技有限公司
② 湖南怀化公园小区 / 设计：袁工 / 绘制：深圳市水木数码影像科技有限公司
③ 中海广州项目 / 设计：香港华艺设计 厉工 焦工 / 绘制：深圳市水木数码影像科技有限公司

③

某项目 / 设计：沈阳永丰房屋开发有限公司 / 绘制：上海翰境数码科技有限公司

住宅建筑 / **Housing Architecture**

450/451 别墅 / Villa

某项目 / 设计：沈阳永丰房屋开发有限公司 / 绘制：上海翰境数码科技有限公司

住宅建筑 / **Housing Architecture**

452/453 别墅 / Villa

世茂余姚项目 / 设计：日清国际 / 绘制：上海翰境数码科技有限公司

②

住宅建筑 ∕ Housing Architecture

454/455 别墅 / Villa

① 世茂余姚项目 / 设计：日清国际 / 绘制：上海翰境数码科技有限公司
② 福州金域榕郡 / 设计：日清国际 / 绘制：上海翰境数码科技有限公司

②

②

②

②

住宅建筑 ／**Housing Architecture**

456/457 别墅 / Villa

福州金域榕郡 / 设计：日清国际 / 绘制：上海翰境数码科技有限公司

住宅建筑 / Housing Architecture
458/459 别墅 / Villa

① 武汉高尔夫项目 / 设计：天华建筑设计有限公司 / 绘制：上海翰境数码科技有限公司
② 楠院 / 绘制：大智机构

①

①

①

①

②

①

住宅建筑 /**Housing Architecture**

460/461　别墅 / Villa

扬州万科别墅项目 / 设计：日清国际 / 绘制：上海翰境数码科技有限公司

住宅建筑 / **Housing Architecture**

462/463 别墅 / Villa

① 扬州万科别墅项目 / 设计：日清国际 / 绘制：上海翰境数码科技有限公司
② 上海崇明某项目 / 设计：日清国际 / 绘制：上海翰境数码科技有限公司

②

住宅建筑 / **Housing Architecture**

464/465 别墅 / Villa

上海崇明某项目 / 设计：日清国际 / 绘制：上海翰境数码科技有限公司

住宅建筑 / Housing Architecture

466/467　别墅 / Villa

无锡魅力 / 设计：日清国际 / 绘制：上海翰境数码科技有限公司

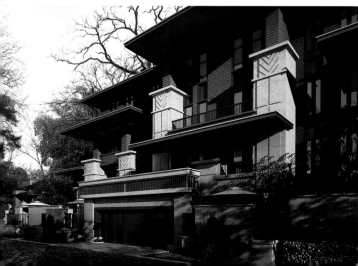

住宅建筑 /**Housing Architecture**

468/469 别墅 /Villa

① 维拉小镇 / 设计：城投置业 / 绘制：宁波市江北筑景建筑设计表现中心
② 西安航天项目 / 设计：上海济皓建筑设计有限公司 / 绘制：上海艺筑图文设计有限公司

住宅建筑 / **Housing Architecture**

470/471 别墅 / Villa

维拉小镇 / 设计：城投置业 / 绘制：宁波市江北筑景建筑设计表现中心

③

住宅建筑 / **Housing Architecture**

472/473 别墅 / Villa

① 无锡复地项目 / 设计：上海刘志筠建筑设计事务所 / 绘制：上海艺筑图文设计有限公司
② 新密东城半岛 / 设计：厦门朗元建筑设计有限公司 / 绘制：上海艺筑图文设计有限公司
③ 湖州某项目 / 设计：上海 PRC 建筑咨询有限公司 / 绘制：上海瑞丝数字科技有限公司

① 中信集团某某高端别墅 / 设计：天津华汇工程建筑设计有限公司 / 绘制：天津景美佳影数字科技有限公司
② 海棠湾 / 设计：河南元亨 / 绘制：南昌浩瀚数字科技有限公司
③ 海源别墅 / 设计：上海思纳史密斯建筑设计咨询有限公司 / 绘制：上海鼎盛建筑设计有限公司

①

住宅建筑／**Housing Architecture**

476/477　别墅／Villa

合肥中海项目／设计：天华建筑设计有限公司／绘制：上海翰境数码科技有限公司

住宅建筑/Housing Architecture

478/479　别墅/Villa

① 威海温泉谷项目/设计：天华建筑设计有限公司/绘制：上海翰堤数码科技有限公司
② 合肥中海项目/设计：天华建筑设计有限公司/绘制：上海翰堤数码科技有限公司

①

住宅建筑 / Housing Architecture

480/481 别墅 / Villa

① 舟山金沙湾 / 绘制：宁波市江北筑景建筑设计表现中心
② 天新公路 1 号地块项目 / 设计：柏涛建筑设计 / 绘制：上海翰境数码科技有限公司

②

住宅建筑 /Housing Architecture

482/483　别墅 /Villa

天新公路 1 号地块项目 / 设计：柏涛建筑设计 / 绘制：上海翰境数码科技有限公司

住宅建筑 / **Housing Architecture**

484/485 别墅 / Villa

天新公路 1 号地块项目 / 设计：柏涛建筑设计 / 绘制：上海翰境数码科技有限公司

住宅建筑 ╱**Housing Architecture**

486/487　别墅 / Villa

① 天新公路 1 号地块项目 / 设计：柏涛建筑设计 / 绘制：上海翰境数码科技有限公司
② 青特项目 / 设计：上海鼎实建筑设计有限公司 / 绘制：上海艺筑图文设计有限公司

住宅建筑 / Housing Architecture

488/489 别墅 / Villa

① 昆山高尔夫大别墅 / 设计：上海恩威建筑设计有限公司 / 绘制：上海鼎盛建筑设计有限公司
② 长春 A 地块项目 / 设计：中联程泰宁建筑设计研究院 / 绘制：上海艺筑图文设计有限公司
③ 无锡轻工住宅 / 设计：上海中建建筑设计院有限公司 / 绘制：上海艺筑图文设计有限公司

住宅建筑 / Housing Architecture

490/491 别墅 / Villa

界牌别墅 / 设计：北京中建建筑设计院（上海） 李云召 朱政 / 绘制：上海皓翊数码科技有限公司

②

住宅建筑 / Housing Architecture

492/493 别墅 / Villa

① 武汉高尔夫别墅 / 设计：上海汉米敦建筑设计有限公司 / 绘制：上海鼎盛建筑设计有限公司
② 森林别墅 / 设计：陈总设计师 / 绘制：天津景天汇影数字科技有限公司

住宅建筑 / **Housing Architecture**

494/495 别墅 / Villa

八一水库某项目 / 设计：中联程泰宁建筑设计研究院 / 绘制：上海艺筑图文设计有限公司

住宅建筑 / Housing Architecture

496/497 别墅 / Villa

八一水库某项目 / 设计：中联程泰宁建筑设计研究院 / 绘制：上海艺筑图文设计有限公司

① 乐山某项目 / 设计：上海豪张思建筑设计有限公司 / 绘制：上海鼎盛建筑设计有限公司
② 岳西某项目 / 绘制：上海鼎盛建筑设计有限公司

①

②

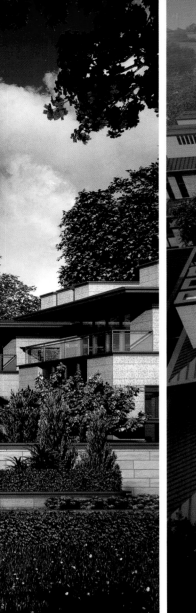

住宅建筑 / **Housing Architecture**

500/501 别墅 /Villa

英利别墅 / 设计：日清国际 / 绘制：上海翰境数码科技有限公司

住宅建筑 /Housing Architecture

502/503 别墅 /Villa

① 美兰项目 / 绘制：上海翰境数码科技有限公司
② 海南保亭自来水厂地块项目 / 设计：上海斓九建筑设计有限公司 王松柏 / 绘制：上海谦和建筑设计有限公司

①

住宅建筑 / Housing Architecture

504/505　别墅 / Villa

① 芜湖万科项目 / 绘制：上海翰境数码科技有限公司
② 东海景花苑 / 设计：雅戈尔置业 / 绘制：宁波市江北筑景建筑设计表现中心

住宅建筑 / Housing Architecture

506/507 别墅 / Villa

浦江华侨城 / 设计：天华建筑设计有限公司 / 绘制：上海翰境数码科技有限公司

①

①

①

②

住宅建筑 / **Housing Architecture**

508/509　别墅 / Villa

① 某项目 / 设计：杰盟建筑设计咨询（上海）有限公司 / 绘制：上海翰境数码科技有限公司
② 仁恒别墅 / 设计：日清国际 / 绘制：上海翰境数码科技有限公司

① 罗浮山别墅／设计：M.A.O／绘制：丝路数码技术有限公司
② 个人习作／绘制：杭州既真数码影像设计有限公司

住宅建筑 / Housing Architecture

512/513 别墅 / Villa

个人习作 / 绘制：杭州博凡数码影像设计有限公司

住宅建筑 / Housing Architecture

514/515 别墅 / Villa

① Water Castle / 设计：Holzer Kobler / 绘制：丝路数码技术有限公司
② 楠溪江 / 设计：宋明忠 / 绘制：上海瑞丝数字科技有限公司
③ lung Lo5 / 设计：Aedas / 绘制：丝路数码技术有限公司

③

②

① 山西某项目 / 设计：上海 PRC 建筑咨询有限公司 / 绘制：上海瑞丝数字科技有限公司
② 肇庆某度假别墅 / 设计：AZL - 杭州（张雷）事务所 张雷 解磊 / 绘制：杭州同创建筑景观设计有限公司
③ 某别墅 / 绘制：上海海纳建筑动画
④ 某项目 / 设计：日清国际 / 绘制：上海翰境数码科技有限公司

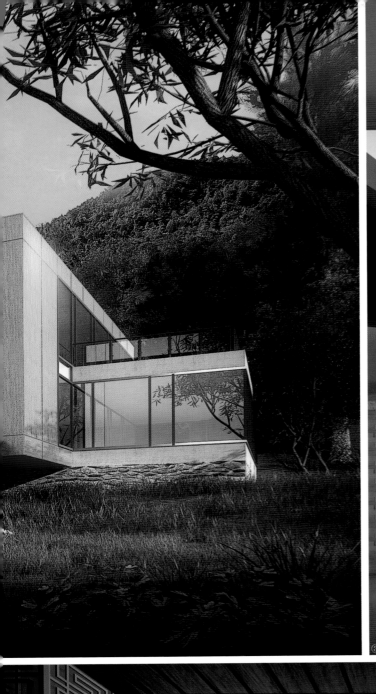

②

住宅建筑 / **Housing Architecture**

518/519　别墅 / Villa

① 某别墅 / 绘制：黑龙江省日盛图像设计有限公司
② 某别墅 / 绘制：上海海纳建筑动画

①

住宅建筑 / Housing Architecture

520/521 别墅 / Villa

① 怀来官厅别墅区 / 设计：北京华汇工程建筑设计有限公司 / 绘制：天津景天汇影数字科技有限公司
② 厦门湾一号 / 设计：上海泛亚建筑设计有限公司 / 绘制：上海艺筑图文设计有限公司
③ 兰亭书法文化村 / 设计：绍兴华汇 王芳 / 绘制：杭州创昱数码图像设计有限公司

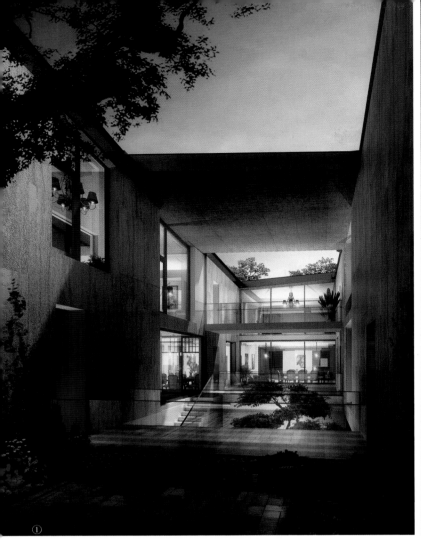

住宅建筑 / Housing Architecture

522/523 别墅 / Villa

① 某项目 / 绘制：北京屹巅时代建筑艺术设计有限公司
② 大连远洋创智高地 / 设计：大连鼎力建筑设计有限公司 / 绘制：大连蓝色海岸设计有限公司

①

住宅建筑 / **Housing Architecture**

524/525 别墅 / Villa

① 某别墅 / 设计：上海鼎盛建筑设计有限公司 / 绘制：上海鼎盛建筑设计有限公司
② 伊拉克某住宅 / 设计：上海浦东土地发展规划设计事务所有限公司 / 绘制：上海鼎盛建筑设计有限公司
③ 金石滩 / 绘制：上海鼎盛建筑设计有限公司
④ 湖南娄底某项目 / 绘制：杭州弧引数字科技有限公司
⑤ 某别墅 / 绘制：深圳市华影图像设计有限公司

②

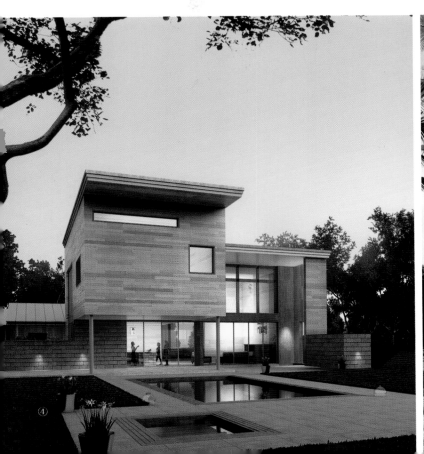

①

住宅建筑 / Housing Architecture

526/527 别墅 / Villa

① 黄山水云涧 / 设计：上海中房建筑设计有限公司 / 绘制：上海鼎盛建筑设计有限公司
② 杭州西溪某项目 / 设计：中联程泰宁建筑设计研究院 / 绘制：上海艺筑图文设计有限公司

②

②

住宅建筑 / Housing Architecture

528/529 别墅 / Villa

① 金逸庄园 / 设计：北京华诚博远 王工 / 绘制：映像社稷（北京）数字科技有限责任公司
② 美国某别墅 / 设计：美国 BurtHill / 绘制：浩瀚图像设计有限公司

②

住宅建筑 / Housing Architecture

530/531 别墅 / Villa

① 某别墅区 / 设计：都市营造 / 绘制：宁波芒果树图像设计有限公司
② 蓟县某项目 / 设计：天津市亚库建源建筑规划设计有限公司 / 绘制：天津瀚梵文化传播有限公司

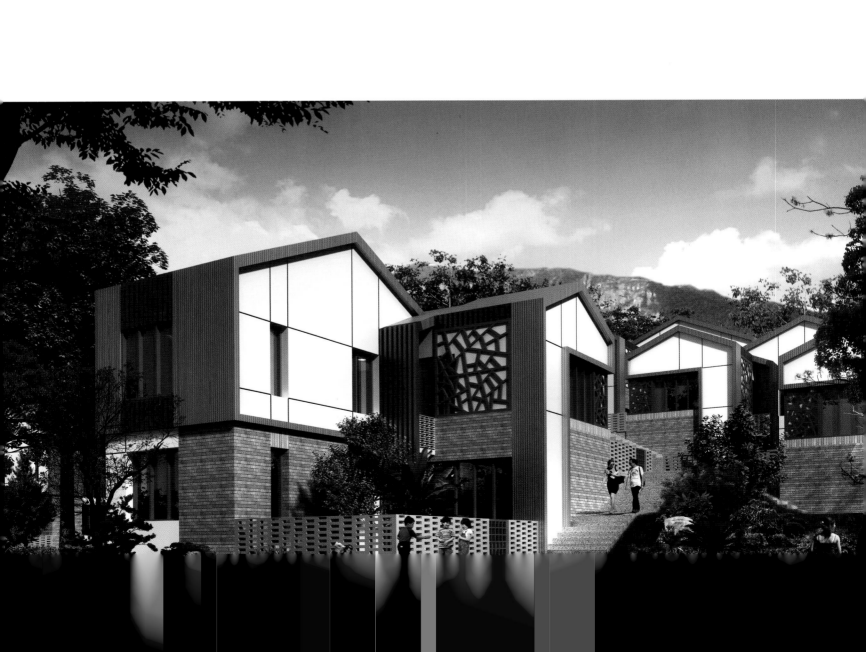

③

住宅建筑 /Housing Architecture

534/535 别墅 /Villa

① 某住宅 / 设计：日清国际 / 绘制：上海翰境数码科技有限公司
② 天津某项目 / 设计：日清国际 / 绘制：上海翰境数码科技有限公司
③ 武汉联发项目 / 设计：日清国际 / 绘制：上海翰境数码科技有限公司

③

住宅建筑 /**Housing Architecture**

536/537 别墅 /Villa

北京亿城三亚项目 / 绘制：上海翰境数码科技有限公司

①

②

③

③

④

⑤

住宅建筑／Housing Architecture

538/539　别墅／Villa

① 某别墅／设计：北京市住宅建筑设计研究院／绘制：北京远古数字科技有限公司
② 安庆大桥 C-12 地块东北片居住用地项目／设计：GN 栖城 杨柳 杨喆 余志强 任彬彬 瞿志君／绘制：杭州创昱数码图像设计有限公司
③ 龙泉某项目／设计：成都万汇建筑设计有限公司／绘制：成都市亿点数码艺术设计有限公司
④ 黄山某别墅区／设计：杭州聚缘建筑设计有限公司／绘制：杭州炫蓝数字科技有限公司
⑤ 洛阳市某别墅／设计：洛阳市规划设计研究院 吕雪／绘制：洛阳张涵数码影像技术开发有限公司

③

住宅建筑 / Housing Architecture

540/541　别墅 / Villa

① 台湾凯祺士林案 / 设计：巴马丹拿集团 / 绘制：深圳市子午数码影像科技有限公司
② 某别墅 / 设计：深圳加华创源建筑设计公司 / 绘制：深圳市原创力数码影像设计有限公司
③ 林肯道 2 号 / 设计：中创顾问有限公司 / 绘制：深圳市子午数码影像科技有限公司

③

住宅建筑 / Housing Architecture

542/543 别墅 / Villa

① 连云港某项目四期 / 绘制：上海千暮数码科技有限公司
② 湖州某小区 / 设计：澳大利亚 BBC 建筑景观工程设计公司 / 绘制：杭州炫蓝数字科技有限公司
③ 余江磨�州 / 设计：北京国科天创建筑设计院 / 绘制：锐意图像
④ 惠州某住宅 / 设计：深圳万脉世纪建筑设计 / 绘制：深圳市水木数码影像科技有限公司
⑤ 某项目 / 设计：深圳万脉世纪建筑设计 戴工 / 绘制：深圳市水木数码影像科技有限公司

④

⑤

①

①

②

②

②

③

④

住宅建筑 / Housing Architecture

544/545 别墅 / Villa

① 成都江山某项目 / 设计：深圳万脉世纪建筑设计 戴工 / 绘制：深圳市水木数码影像科技有限公司
② 成都江山某项目 / 设计：深圳万脉世纪建筑设计 / 绘制：深圳市水木数码影像科技有限公司
③ 盈江某住宅 / 设计：深圳万脉世纪建筑设计 戴工 / 绘制：深圳市水木数码影像科技有限公司
④ 云南某住宅 / 设计：中航 / 绘制：深圳市水木数码影像科技有限公司

住宅建筑 / Housing Architecture

546/547 别墅 / Villa

九龙项目 / 设计：天华建筑设计有限公司 / 绘制：上海翰境数码科技有限公司

住宅建筑 / Housing Architecture

548/549 别墅 / Villa

九龙坡项目 / 设计：天华建筑设计有限公司 / 绘制：上海翰龙数码科技有限公司

住宅建筑 / Housing Architecture

550/551 别墅 / Villa

① 厦门某项目 / 设计: LWK / 绘制: 深圳市水木数码影像科技有限公司
② 北京东隆高档别墅 / 设计: 上海文飞建筑规划设计咨询有限公司 冯文飞 王小虎 / 绘制: 上海怡翔数码科技有限公司
③ 辽宁营口某别墅 / 设计: 上海九尔建筑师事务所 / 绘制: 上海船盛建筑设计有限公司

住宅建筑 ／Housing Architecture

552/553 别墅 /Villa

① 紫荆花园 / 设计：上海百致设计有限公司 / 绘制：上海艺筑图文设计有限公司
② 岱山某别墅 / 设计：舟山某建筑设计有限公司 / 绘制：宁波市前沿数字科技有限公司
③ 金河谷 / 设计：成都万汇建筑设计有限公司 / 绘制：成都市亿点数码艺术设计有限公司

住宅建筑 /Housing Architecture

554/555 别墅 /Villa

① 金华某别墅 / 设计：上海城建建筑设计有限公司 / 绘制：上海市杰点建筑绘画有限公司
② 科技新苑别墅 / 设计：中建上海院 / 绘制：上海海纳建筑动画
③ 科技新苑别墅 / 绘制：上海海纳建筑动画
④ 哈尔滨某项目 / 设计：博卡建筑顾问（北京）有限公司 / 绘制：北京远古数字科技有限公司

住宅建筑 /Housing Architecture

556/557　别墅 /Villa

台州东方美地 / 绘制：杭州弧引数字科技有限公司

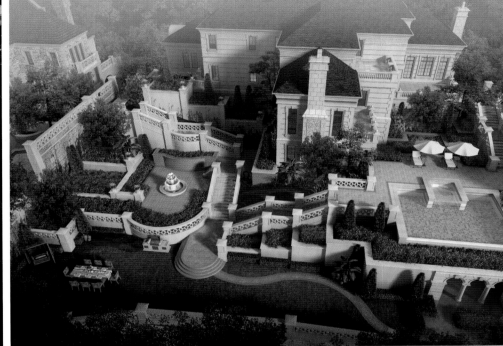

①

①

①

①

②

住宅建筑 /**Housing Architecture**

560/561 别墅 /Villa

① 湖州景瑞项目 / 设计: 日清国际 / 绘制: 上海翰境数码科技有限公司
② 牟贤大宅 / 设计: 日清国际 / 绘制: 上海翰境数码科技有限公司

住宅建筑 / **Housing Architecture**

562/563 别墅 / Villa

奉贤大宅 / 设计：日清国际 / 绘制：上海翰境数码科技有限公司

住宅建筑 / **Housing Architecture**

564/565　别墅 / Villa

太湖水榭山 / 设计：日清国际 / 绘制：上海翰境数码科技有限公司

住宅建筑 / **Housing Architecture**

566/567 别墅 / Villa

太湖水榭山 / 设计：日清国际 / 绘制：上海翰境数码科技有限公司

②

住宅建筑 /Housing Architecture

568/569 别墅 /Villa

① 临港新城发项目 /设计：天华建筑设计有限公司 /绘制：上海翰境数码有限公司
② 某别墅 /设计：上海鼎盛建筑设计有限公司 /绘制：上海鼎盛建筑设计有限公司
③ 谷溪镇中街村别墅 /设计：刘俊 /绘制：上海名酷数字科技有限公司

③

住宅建筑／**Housing Architecture**

570/571 别墅 / Villa

① 同里某项目 / 设计：上海中房建筑设计有限公司 / 绘制：上海鼎盛建筑设计有限公司
② 桐乡乌镇某别墅 / 设计：上海中房建筑设计有限公司 / 绘制：上海鼎盛建筑设计有限公司
③ 某别墅 / 设计：上海鼎盛建筑设计有限公司 / 绘制：上海鼎盛建筑设计有限公司

波新农村住宅／设计：北京 SYN 建筑社稷 邹迎晞／绘制：映像社稷（北京）数字科技有限责任公司

住宅建筑 /Housing Architecture

574/575 别墅 /Villa

① 波新农村住宅 / 设计：北京 SYN 建筑社稷 邹迎晞 / 绘制：映像社稷（北京）数字科技有限责任公司
② 御墅华庭 / 绘制：宁波市江北筑景建筑设计表现中心
③ 忠信镇某项目 / 设计：河源岭南建筑设计院 / 绘制：深圳市原创力数码影像设计有限公司

图

千顷葭葭十里洲
溪居宜月更宜秋
鹏鹋栖水高僧舍
鹏鹃染云名士楼
苍葛紫兮燕窝羽
荻庭花散钓鱼舟
黄橙红柿紫茭甫
不羡人间万户侯

天津中式大宅 / 设计：日清国际 / 绘制：上海翰境数码科技有限公司

①

①

②

②

住宅建筑 /Housing Architecture

① 海南清水湾度假别墅 / 设计：GAD 绿城设计 萨风 / 绘制：杭州同创建筑景观设计有限公司
② 山东雪野湖度假别墅 / 设计：GLA 绿城六和设计 俞珮瑜 毛攀溢 / 绘制：杭州同创建筑景观设计有限公司

住宅建筑 /Housing Architecture

580/581 别墅 /Villa

① 某项目 / 设计：Spitzner / 绘制：广州先睿数码科技有限公司
② 云南某住宅 / 设计：深圳万脉世纪建筑设计 / 绘制：深圳市水木数码影像科技有限公司

①

住宅建筑 ／**Housing Architecture**

582/583 别墅 /Villa

① 杭州众安闲林镇别墅 / 设计：上海港普泰建筑设计咨询有限公司 / 绘制：上海艺酷数字科技有限公司
② 成都龙泉天鹅湖项目 / 设计：上海港普泰建筑设计咨询有限公司 / 绘制：上海艺酷数字科技有限公司

① 无锡某住宅小区 / 设计：上海乐图建筑咨询有限公司 / 绘制：上海艺酷数字科技有限公司
② 商丘上海花园 / 设计：上海锐博建筑设计工作室 / 绘制：上海写意数字图像有限公司

住宅建筑 / Housing Architecture

586/587 别墅 / Villa

牧马山 / 设计：成都万汇建筑设计有限公司 / 绘制：成都市亿点数码艺术设计有限公司

住宅建筑 /Housing Architecture

590/591 别墅 /Villa

濮阳新城 / 设计：四川省建筑设计研究院 A1 工作室 / 绘制：成都市亿点数码艺术设计有限公司

①

住宅建筑 / Housing Architecture

592/593 别墅 / Villa

① 保利 198 / 绘制：大智机构
② 某别墅 / 绘制：深圳市华影图像设计有限公司
③ 濛阳新城 / 设计：四川省建筑设计研究院 A1 工作室 / 绘制：成都市亿点数码艺术设计有限公司

住宅建筑 /Housing Architecture

594/595 别墅 /Villa

某项目 / 绘制：北京屹巅时代建筑艺术设计有限公司

①

住宅建筑 / **Housing Architecture**

596/597 别墅 / Villa

① 卤阳湖 / 绘制：深圳市华影图像设计有限公司
② 某别墅 / 绘制：深圳市华影图像设计有限公司

②

住宅建筑 /Housing Architecture

598/599 别墅 /Villa

① 香水别墅 / 绘制：大智机构
② 银川某项目 / 绘制：大智机构
③ 某住宅小区 / 设计：江西省建筑设计研究院 / 绘制：南昌浩瀚数字科技有限公司
④ 湖南娄底某项目 / 绘制：杭州弧引数字科技有限公司

①

①

②

③

④

居住建筑 Housing Architecture

联排/Villa

别墅方案设计/设计：某地产/绘制：深圳市异时空电脑艺术设计有限公司
项目/绘制：上海署明信息系统科技咨询有限公司

住宅建筑 / Housing Architecture

602/603 别墅 / Villa

丽江洱海山地别墅 / 设计：昆明省院 / 绘制：成都市亿点数码艺术设计有限公司

住宅建筑 / Housing Architecture

604/605 别墅 / Villa

海南南丽湖 / 设计：北京新纪元建筑工程设计有限公司 章振田 / 绘制：西林造景（北京）咨询服务有限公司

住宅建筑 / Housing Architecture

606/607　别墅 / Villa

① 武平某别墅区 / 设计：中国城建院大连分院 / 绘制：大连蓝色海岸设计有限公司
② 金海墅 / 设计：天津建筑设计院 / 绘制：天津瀚梵文化传播有限公司

住宅建筑 / Housing Architecture

608/609 别墅 / Villa

海南儋州某别墅 / 设计：李翔 / 绘制：浩瀚图像设计有限公司

住宅建筑 / **Housing Architecture**

610/611 别墅 / Villa

三亚度假别墅 / 设计：李翔 / 绘制：浩瀚图像设计有限公司

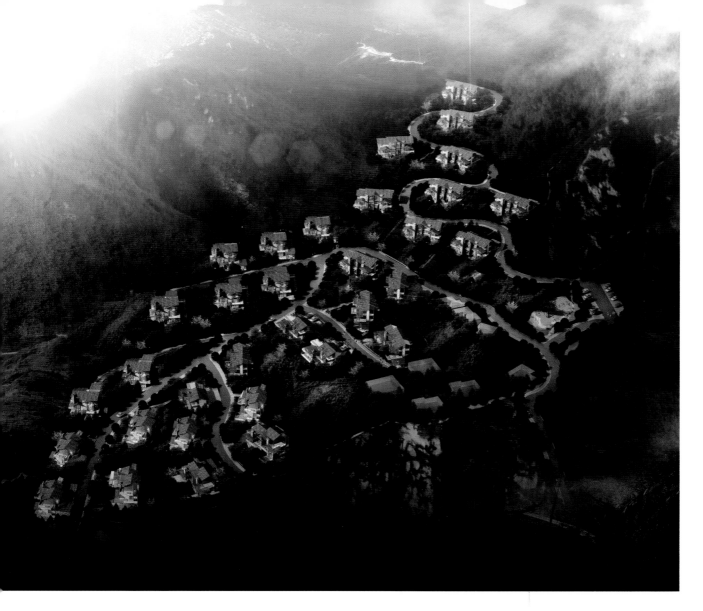

畫筒畫兩
霧起盤
茫氣
勢峯如
修玉
獻輝書

住宅建筑 / **Housing Architecture**

612/613 别墅 / Villa

青城山别墅 / 绘制：浩瀚图像设计有限公司

住宅建筑 / Housing Architecture

614/615 别墅 / Villa

① 无锡梅里别墅 / 设计：大陆建筑设计有限公司 / 绘制：浩瀚图像设计有限公司
② 花桥某住宅 / 设计：上海建工设计研究院 / 绘制：上海域言建筑设计咨询有限公司
③ 曲靖某项目 / 设计：大陆建筑设计有限公司 王崎 / 绘制：浩瀚图像设计有限公司

住宅建筑 / Housing Architecture

616/617 别墅 /Villa

某别墅 / 设计：大陆建筑设计有限公司 / 绘制：添瀚图像设计有限公司

住宅建筑 / Housing Architecture

618/619 别墅 / Villa

国浩相家荡地块项目 / 设计：宏正建筑设计院 / 绘制：杭州景尚科技有限公司

A COLLECTION OF ARCHITECTURAL COMPETITION SUBMISSIONS

竞标方案表现作品集成②

住宅建筑
Housing Architecture

别墅
Villa

多层及小高层住宅区
Multi-storey and Medium Height Housing

商业建筑
Business Architecture

旅游度假区及会所
Tourist Resorts Area and Club

商业步行街
Commercial Walking Street

摩洛哥某住宅 / 设计：AQSO 建筑事务所 / 绘制：杭州博凡数码影像设计有限公司

住宅建筑 / **Housing Architecture**

624/625 多层及小高层住宅区 / Multi-storey and Medium Height Housing

祝桥假建项目 / 设计：日清国际 / 绘制：上海翰城数码科技有限公司

祝桥朗诗项目 / 设计：日清国际 / 绘制：上海翰境数码科技有限公司

祝桥郎诗项目／设计：日清国际／绘制：上海翰境数码科技有限公司

①

住宅建筑 /**Housing Architecture**

630/631 多层及小高层住宅区 /Multi-storey and Medium Height Housing

① 地杰公寓楼 / 设计：日清国际 / 绘制：上海翰境数码科技有限公司
② 美国某住宅项目 / 绘制：成都公园工作室

①

①

②

住宅建筑 /Housing Architecture

632/633 多层及小高层住宅区 /Multi-storey and Medium Height Housing

① 江阴某项目／绘制：上海翰篪数码科技有限公司
② 上海崇明某项目／设计：日清国际／绘制：上海翰篪数码科技有限公司

②

住宅建筑 /**Housing Architecture**

634/635 多层及小高层住宅区 /Multi-storey and Medium Height Housing

① 扬州万科项目 / 设计：日清国际 / 绘制：上海翰境数码科技有限公司
② 江阴某住宅 / 绘制：上海翰境数码科技有限公司

①

②

住宅建筑 / Housing Architecture

636/637 多层及小高层住宅区 / Multi-storey and Medium Height Housing

① 长兴岛财富公馆 / 设计：众鑫建筑 / 绘制：丝路数码技术有限公司
② 泰兴汽车西站住宅 / 设计：德国 K&P（柯林戈）建筑设计有限公司 / 绘制：上海艺酷数字科技有限公司
③ 某项目 / 绘制：北京屹巅时代建筑艺术设计有限公司

住宅建筑 / **Housing Architecture**

638/639 多层及小高层住宅区 / Multi-storey and Medium Height Housing

大连瓦房店某项目 / 设计：宋工 / 绘制：深圳市水木数码影像科技有限公司

住宅建筑 /Housing Architecture

640/641 多层及小高层住宅区 /Multi-storey and Medium Height Housing

① 某住宅 / 设计：上海水石国际 / 绘制：上海瑞丝数字科技有限公司
② 中海银川项目 / 设计：上海水石国际 / 绘制：上海瑞丝数字科技有限公司
③ 郡原居里三期 / 设计：水石建筑 / 绘制：上海艺筑图文设计有限公司

住宅建筑 /**Housing Architecture**

642/643 多层及小高层住宅区 /Multi-storey and Medium Height Housing

① 人才公寓 / 绘制：上海赫智建筑设计有限公司
② 某小区 / 设计：上海众域建筑设计有限公司 / 绘制：上海市杰点建筑绘画有限公司
③ 天台湖 / 绘制：成都市亿点数码艺术设计有限公司
④ 浦北项目 / 绘制：上海千暮数码科技有限公司
⑤ 无锡某项目 / 绘制：上海翰境数码科技有限公司
⑥ 某项目 / 绘制：北京屹巅时代建筑艺术设计有限公司

①

②

③

住宅建筑 /Housing Architecture

644/645 多层及小高层住宅区 /Multi-storey and Medium Height Housing

① 呼伦贝尔经济开发区仁和小区 / 设计：呼伦贝尔建筑勘察设计研究院 / 绘制：黑龙江省日盛图像设计有限公司
② 机场路沿线项目 / 设计：哈尔滨市规划设计院 孙逢欧 / 绘制：黑龙江省日盛图像设计有限公司
③ 浙锡生活区二期 / 设计：浙江绿建建筑设计有限公司 / 绘制：上海艺筑图文设计有限公司
④ 鲁宁湖东郦城 / 设计：上海百致建筑设计有限公司 / 绘制：上海艺筑图文设计有限公司

住宅建筑 /Housing Architecture

646/647 多层及小高层住宅区 /Multi-storey and Medium Height Housing

① 宁波和谐投资项目 / 设计：天华建筑设计有限公司 / 绘制：上海翰境数码科技有限公司
② 天琴湾 / 设计：深圳市鑫中建筑设计顾问有限公司 / 绘制：上海翰境数码科技有限公司
③ 杭州某项目 / 设计：上海康都置业有限公司 / 绘制：上海翰境数码科技有限公司

②

住宅建筑 /Housing Architecture

648/649 多层及小高层住宅区 /Multi-storey and Medium Height Housing

① 丹东三江华府 / 设计：辽宁金海建筑设计研究院有限公司 / 绘制：上海翰境数码科技有限公司
② 天琴湾 / 设计：深圳市鑫中建筑设计顾问有限公司 / 绘制：上海翰境数码科技有限公司

①

②

②

②

②

① 某住宅 / 绘制：黑龙江省日盛图像设计有限公司
② 杭州某项目 / 设计：上海康都置业有限公司 / 绘制：上海翰境数码科技有限公司

住宅建筑／**Housing Architecture**

652/653　多层及小高层住宅区／Multi-storey and Medium Height Housing

① 苏州亿城项目／绘制：上海翰境数码科技有限公司
② 郑州某小区／设计：泛太平洋设计与发展有限公司／绘制：上海艺筑图文设计有限公司

①

①

②

住宅建筑 /**Housing Architecture**

654/655 多层及小高层住宅区 /Multi-storey and Medium Height Housing

① 广汉上锦华庭居住小区 / 绘制：大智机构
② 龙湖安置区 / 设计：郑州信和嘉程建筑设计有限公司 翟立兴 / 绘制：郑州指南针视觉艺术设计有限公司
③ 郑州某小区 / 设计：泛太平洋设计与发展有限公司 / 绘制：上海艺筑图文设计有限公司

①

①

②

②

②

住宅建筑 /Housing Architecture

656/657　多层及小高层住宅区 /Multi-storey and Medium Height Housing

① 奥利塞项目 / 设计：南方院 / 绘制：宁波市江北筑景建筑设计表现中心
② 无锡魅力 / 设计：日清国际 / 绘制：上海翰境数码科技有限公司
③ 山东某多层住宅 / 设计：北京京业建筑设计有限公司 / 绘制：北京鼎天筑图建筑设计咨询中心

①

住宅建筑 / Housing Architecture

658/659 多层及小高层住宅区 / Multi-storey and Medium Height Housing

① 昆明某住宅 / 设计：深圳万脉世纪建筑设计 戴工 / 绘制：深圳市水木数码影像科技有限公司
② 湖东郦城 / 设计：上海百致建筑设计有限公司 / 绘制：上海艺筑图文设计有限公司
③ 下沙 14 号地块项目 / 设计：中国美术学院风景建筑设计研究院 / 绘制：杭州博凡数码影像设计有限公司
④ 某项目 / 绘制：深圳市异时空电脑艺术设计有限公司
⑤ 华新镇 / 绘制：上海海纳建筑动画
⑥ 华新镇 / 设计：中建上海院 / 绘制：上海海纳建筑动画

②

③

④

⑤

⑥

⑤

西充住宅 / 设计：成都国恒建筑设计有限公司 林涛 / 绘制：成都市青羊区尚河景数码图像

住宅建筑 /Housing Architecture

662/663　多层及小高层住宅区 /Multi-storey and Medium Height Housing

① 祁门住宅 / 设计：刘志强 / 绘制：上海市杰点建筑绘画有限公司
② 旅顺政府东项目 / 设计：加拿大丹纽建筑有限公司 / 绘制：大连蓝色海岸设计有限公司
③ 置信鹭湖 / 设计：舍筑 / 绘制：成都市亿卓盛视艺术设计有限公司
④ 河南省鹤壁市某住宅小区 / 设计：郑州市建筑设计院有限 / 绘制：河南灵度建筑景观设计咨询有限公司

③

④

住宅建筑 /**Housing Architecture**

天津景瑞项目 / 设计：日清国际 / 绘制：上海翰境数码科技有限公司

A COLLECTION OF ARCHITECTURAL COMPETITION SUBMISSIONS

竞标方案表现作品集成 ②

住宅建筑
Housing Architecture

别墅
Villa
多层及小高层住宅区
Multi-storey and Medium Height Housing

商业建筑
Business Architecture

旅游度假区及会所
Tourist Resorts Area and Club
商业步行街
Commercial Walking Street

商业建筑 /Business Architecture

666/667 旅游度假区及会所 /Tourist Resorts Area and Club

① 马尔代夫度假村 / 设计：新加坡某设计事务所 / 绘制：杭州博凡数码影像设计有限公司
② 某会所 / 设计：宋明忠 / 绘制：上海瑞丝数字科技有限公司

①

②

商业建筑 /Business Architecture

668/669 旅游度假区及会所 /Tourist Resorts Area and Club

① 马尔代夫度假村 / 设计：新加坡某设计事务所 / 绘制：杭州博凡数码影像设计有限公司
② 长沙高尔夫项目 / 设计：浙江绿城东方建筑设计有限公司 / 绘制：杭州博凡数码影像设计有限公司
③ 秦皇岛高尔夫会所 / 设计：索琪 / 绘制：丝路数码技术有限公司

③

⑧

①

商业建筑 / **Business Architecture**

670/671 旅游度假区及会所 / Tourist Resorts Area and Club

① 某会所 / 设计：上海米川建筑设计事务所 / 绘制：上海瑞丝数字科技有限公司
② 长沙高尔夫项目 / 设计：浙江绿城东方建筑设计有限公司 / 绘制：杭州博凡数码影像设计有限公司

①

商业建筑 / Business Architecture

672/673 旅游度假区及会所 / Tourist Resorts Area and Club

① 杭州蒋村项目 / 设计：海南华磊建筑设计杭州分公司 / 绘制：杭州潘多拉数字科技有限公司
② 重庆某项目 / 设计：日清国际 / 绘制：上海翰境数码科技有限公司

①

①

②

③

商业建筑 / Business Architecture

674/675 旅游度假区及会所 / Tourist Resorts Area and Club

① 澜廷会所 / 设计：浙江绿城东方建筑设计有限公司 / 绘制：杭州博凡数码影像设计有限公司
② 横溪某项目 / 设计：迪赛 / 绘制：宁波市江北筑景建筑设计表现中心
③ 某项目 / 设计：中国美术学院风景建筑设计研究院 / 绘制：杭州博凡数码影像设计有限公司

①

②

商业建筑 /Business Architecture

676/677 旅游度假区及会所 /Tourist Resorts Area and Club

① 池州百合坊 / 设计：宁波大学设计院 / 绘制：宁波市江北筑景建筑设计表现中心
② 格萨尔王艺术庄园 / 设计：麟德旅游设计 / 绘制：宁波市江北筑景建筑设计表现中心

③

商业建筑 / **Business Architecture**

678/679 旅游度假区及会所 / Tourist Resorts Area and Club

① 池州百合坊 / 设计：宁波大学设计院 / 绘制：宁波市江北筑景建筑设计表现中心
② 元宝岛 / 设计：上海同规工程设计 / 绘制：上海一石数码科技有限公司
③ 北湖玖苑 / 设计：上海思纳史密斯建筑设计咨询有限公司 / 绘制：上海鼎盛建筑设计有限公司
④ 包凤村度假区 / 设计：中国美术学院风景建筑设计研究院 / 绘制：杭州博凡数码影像设计有限公司

③

①

②

商业建筑 / Business Architecture

680/681 旅游度假区及会所 / Tourist Resorts Area and Club

① 江西云居山巾口接待中心 / 设计：香港华艺设计 张工 / 绘制：深圳市水木数码影像科技有限公司
② 武汉小乡湖项目 / 绘制：上海赫智建筑设计有限公司
③ 尖峰岭天池度假村 / 绘制：上海赫智建筑设计有限公司

③

③

③

商业建筑 / **Business Architecture**

682/683 旅游度假区及会所 / Tourist Resorts Area and Club

① 山钦湾高尔夫俱乐部 / 绘制：上海赫智建筑设计有限公司
② 某会所 / 绘制：上海赫智建筑设计有限公司
③ 某会所 / 绘制：深圳市华影图像设计有限公司

商业建筑 /Business Architecture

上海建国西路太原路会所 / 设计：上海协宇建筑设计有限公司 孔晓健 / 绘制：上海谦和建筑设计有限公司

②

商业建筑 ／**Business Architecture**

① 胶州嘎拉湾会所 / 设计：成都阿尔本设计有限公司 / 绘制：上海艺筑图文设计有限公司
② 某会所 / 设计：亚瑞建筑设计公司 / 绘制：深圳市原创力数码影像设计有限公司

商业建筑 / **Business Architecture**

688/689 旅游度假区及会所 / Tourist Resorts Area and Club

① 大连拉菲庄园 / 设计：上海中船第九设计研究院 高峰 / 绘制：上海谦和建筑设计有限公司
② 大陀山会所 / 绘制：上海赫智建筑设计有限公司
③ 半岛一号 / 设计：深圳市建筑设计研究总院 / 绘制：深圳市水木数码影像科技有限公司

商业建筑 / **Business Architecture**

690/691 旅游度假区及会所 / Tourist Resorts Area and Club

① 哈尔滨某售楼处 / 设计：北京 SYN 建筑社稷 邹迎晞 / 绘制：映像社稷（北京）数字科技有限责任公司
② 新疆某项目 / 设计：总参工程兵第四设计研究院 / 绘制：北京鼎天筑图建筑设计咨询中心
③ 北京李遂国际温泉项目 / 设计：香港康亘轩建筑设计事务所 / 绘制：上海艺酷数字科技有限公司
④ 欧式广场 / 设计：农垦建筑设计院红兴隆分院 樊雪波 / 绘制：黑龙江省日盛图像设计有限公司
⑤ 某酒吧改造项目 / 设计：哈尔滨翰墨伊诺建筑设计有限公司 王满 / 绘制：黑龙江省日盛图像设计有限公司

①

①

②

③

④

⑤

① 格萨尔王艺术庄园 / 设计：麟德旅游设计 / 绘制：宁波市江北筑景建筑设计表现中心
② 太湖会所 / 设计：日清国际 / 绘制：上海翰境数码科技有限公司

①

②

撰陷根文時陶
梦不色人雲淡
变二露右蕃目
當說诡如低名意
去に締祖庭窂窂
窂子揚春國

商業建筑／**Business Architecture**

694/695 旅游度假区及会所 / Tourist Resorts Area and Club

太湖会所 / 设计：日清国际 / 绘制：上海翰境数码科技有限公司

商业建筑 /Business Architecture

696/697　旅游度假区及会所 /Tourist Resorts Area and Club

① 绍兴景瑞会所 / 设计：日清国际 / 绘制：上海翰境数码科技有限公司
② 无锡魅力会所 / 设计：日清国际 / 绘制：上海翰境数码科技有限公司

商业建筑 / **Business Architecture**

698/699 旅游度假区及会所 / Tourist Resorts Area and Club

① 无锡魅力会所 / 设计：日清国际 / 绘制：上海翰境数码科技有限公司
② 湖州企业家会所 / 设计：GN 栖城 施政磊 郭健 / 绘制：杭州创昱数码图像设计有限公司

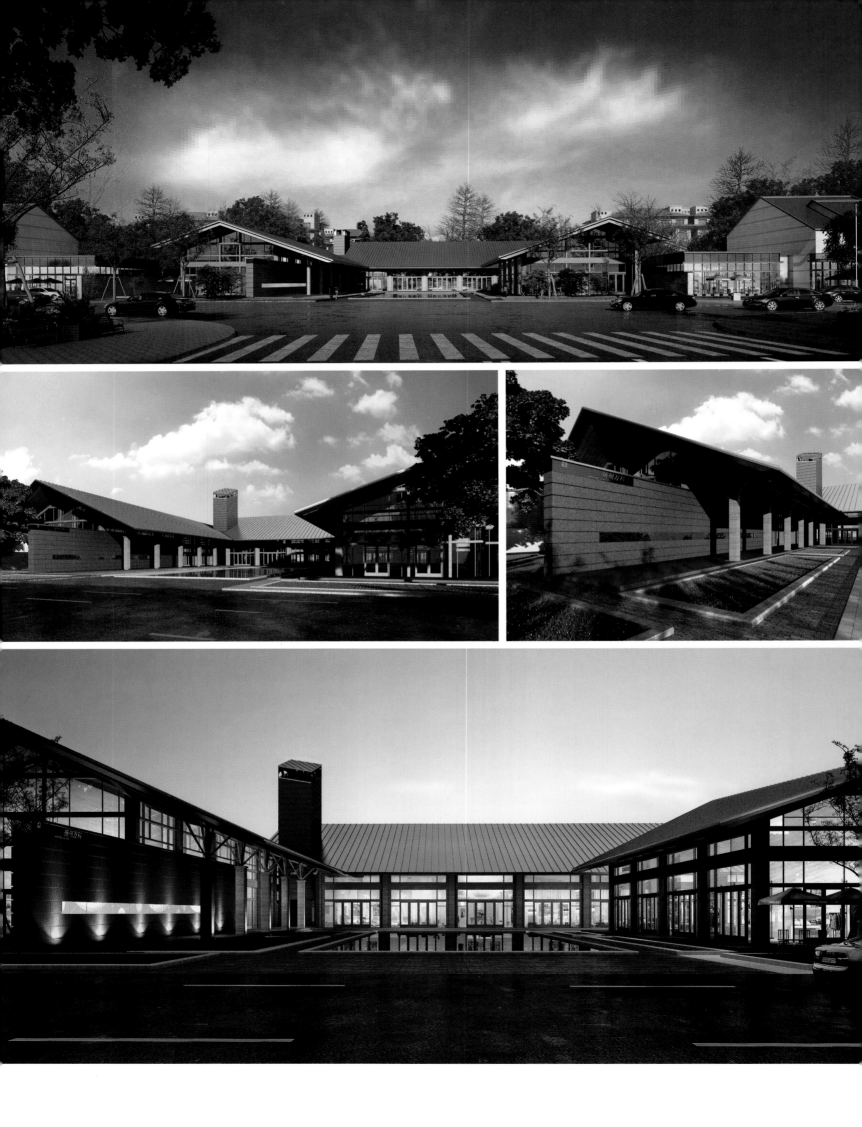

商业建筑 /Business Architecture

702/703 旅游度假区及会所 /Tourist Resorts Area and Club

① 扬州万科会所方案二 / 设计：日清国际 / 绘制：上海翰境数码科技有限公司
② 扬州万科会所方案一 / 设计：日清国际 / 绘制：上海翰境数码科技有限公司

商业建筑 / **Business Architecture**

704/705 旅游度假区及会所 / Tourist Resorts Area and Club

扬州万科会所方案二 / 设计：日清国际 / 绘制：上海翰境数码科技有限公司

商业建筑 /**Business Architecture**

706/707 旅游度假区及会所 /Tourist Resorts Area and Club

地杰项目（会所及老房子改造）/ 设计：日清国际 / 绘制：上海翰境数码科技有限公司

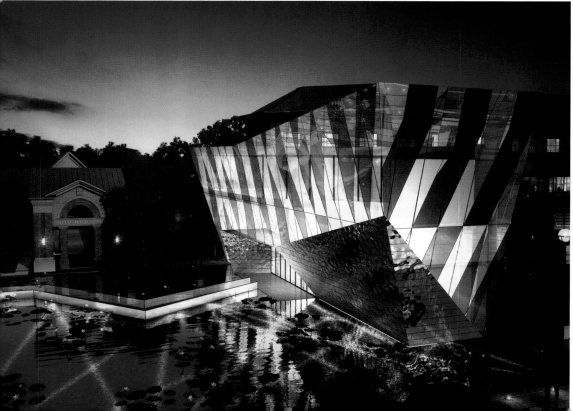

商业建筑 / **Business Architecture**

708/709　旅游度假区及会所 / Tourist Resorts Area and Club

① 地杰项目（会所及老房子改造）/ 设计：日清国际 / 绘制：上海翰境数码科技有限公司
② 某会所 / 设计：天华建筑设计有限公司 / 绘制：上海翰境数码科技有限公司
③ 地杰项目——老房子改造 / 设计：日清国际 / 绘制：上海翰境数码科技有限公司

商业建筑 / Business Architecture

712/713 旅游度假区及会所 / Tourist Resorts Area and Club

地杰项目——老房子改造 / 设计：日清国际 / 绘制：上海翰境数码科技有限公司

商业建筑 / Business Architecture

714/715 旅游度假区及会所 / Tourist Resorts Area and Club

① 地杰项目方案二 / 设计：日清国际 董工 / 绘制：上海翰境数码科技有限公司
② 精武会馆 / 设计：天津市亚库建源建筑规划设计有限公司 / 绘制：天津瀚梵文化传播有限公司
③ 云水谣 / 设计：中国美术学院风景建筑设计研究院 / 绘制：杭州博凡数码影像设计有限公司

②

②

③

① 枫泾展示会所方案 / 绘制：上海赫智建筑设计有限公司
② 株洲香草塘 / 设计：深圳市宗灏建筑设计事务所 程总 / 绘制：深圳市水木数码影像科技有限公司
③ 沙湖 / 绘制：上海赫智建筑设计有限公司

商业建筑 /Business Architecture

718/719 旅游度假区及会所 /Tourist Resorts Area and Club

沙湖 / 绘制：上海赫智建筑设计有限公司

①

①

商业建筑／Business Architecture

720/721 旅游度假区及会所／Tourist Resorts Area and Club

① 武汉百瑞景会所／设计：泛太平洋设计与发展有限公司／绘制：上海翰境数码科技有限公司
② 安庆售楼处／设计：日清国际／绘制：上海翰境数码科技有限公司
③ 某会所／绘制：上海艺筑图文设计有限公司

商业建筑／**Business Architecture**

722/723 旅游度假区及会所／Tourist Resorts Area and Club

① 长沙梅溪湖／设计：上海水石国际／绘制：上海瑞丝数字科技有限公司
② 某俱乐部／设计：德国海茵建筑设计公司／绘制：丝路数码技术有限公司
③ 某会所／绘制：黑龙江省日盛图像设计有限公司
④ 重庆某项目／设计：上海海馥建筑设计有限公司／绘制：上海鼎盛建筑设计有限公司

①

②

商业建筑 / **Business Architecture**

724/725 旅游度假区及会所 / Tourist Resorts Area and Club

① 天津中澳游艇俱乐部 / 设计：缔博建筑设计咨询（上海）有限公司 / 绘制：上海艺酷数字科技有限公司
② 九龙山游艇俱乐部 / 设计：上海亦玛建筑设计咨询有限公司 / 绘制：上海鼎盛建筑设计有限公司

①

②

① 某售楼处 / 设计：哈尔滨天宸建筑设计有限公司 唐家骏 周青 / 绘制：黑龙江省日盛图像设计有限公司
② 某项目 / 绘制：大智机构
③ 美国 CANAL 公园 / 设计：奥地利 CoopHmmelb / 绘制：浩瀚图像设计有限公司

①

③

西风萧飒荷华秀
芙蕖苞锦秋
华淡物品雅
期秋江

SALAMANDER

商业建筑 / **Business Architecture**

728/729 旅游度假区及会所 / Tourist Resorts Area and Club

① 临港新城休闲建筑 / 绘制：上海鼎盛建筑设计有限公司
② 美国 CANAL 公园 / 设计：奥地利 CoopHmmelb / 绘制：浩瀚图像设计有限公司

①

① 舟山某项目 / 设计：天华建筑设计有限公司 / 绘制：上海翰境数码科技有限公司
② 北京李遂国际温泉项目 / 设计：香港康亘轩建筑设计事务所 / 绘制：上海艺酷数字科技有限公司
③ 白马山庄售楼处 / 绘制：杭州弧引数字科技有限公司

②

③

①

商业建筑 / Business Architecture

732/733 旅游度假区及会所 / Tourist Resorts Area and Club

① 贵阳万科会所方案二 / 设计：日清国际 / 绘制：上海翰境数码科技有限公司
② 株洲香草塘 / 设计：深圳市宗灏建筑设计事务所 程总 / 绘制：深圳市水木数码影像科技有限公司
③ 连云港昌圩湖会所 / 设计：GN 栖城 施政磊 崔岩 / 绘制：杭州创昱数码图像设计有限公司

②

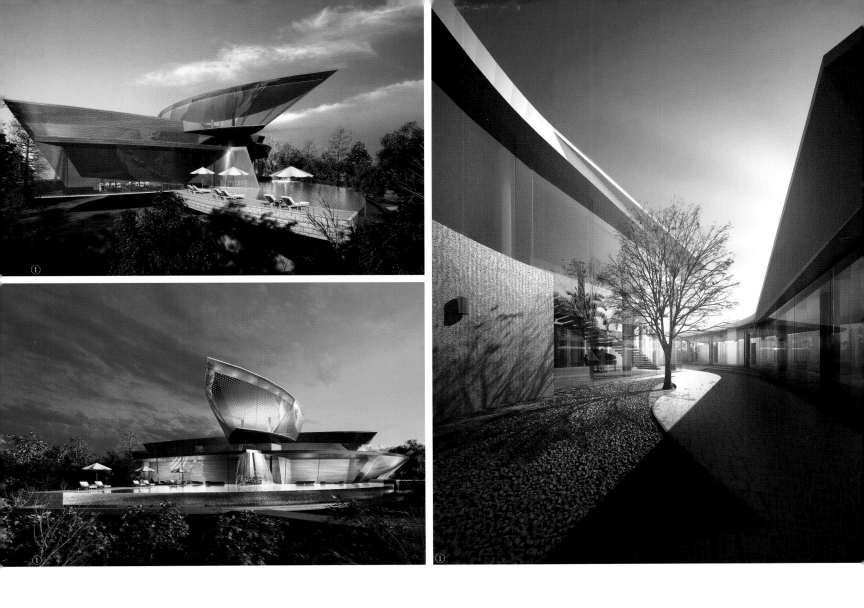

商业建筑 /**Business Architecture**

734/735 旅游度假区及会所 /Tourist Resorts Area and Club

连云港昌圩湖会所 / 设计：GN 栖城 施政磊 崔岩 / 绘制：杭州创昱数码图像设计有限公司

① ①

②

③

商业建筑 /**Business Architecture**

736/737 旅游度假区及会所 / Tourist Resorts Area and Club

① 美国某康复中心 / 设计：CoopHmmelb / 绘制：浩瀚图像设计有限公司
② 美国 CANAL 公园 / 设计：奥地利 CoopHmmelb / 绘制：浩瀚图像设计有限公司
③ 罗江阳光·豪庭 / 设计：德阳宏基原创建筑设计有限公司 / 绘制：成都市亿点数码艺术设计有限公司
④ 彩虹花园售楼处 / 设计：中科院建筑设计研究院有限公司 徐贤伟 / 绘制：河南灵度建筑景观设计咨询有限公司

④

①

②

③

③

商业建筑 /Business Architecture

738/739 旅游度假区及会所 /Tourist Resorts Area and Club

① 南通加东港口会所 / 设计：上海创纪明世建筑规划设计有限公司 王鑫淼 / 绘制：杭州武引数字科技有限公司
② 某度假村庄 / 绘制：杭州创亮数码图像设计有限公司
③ 某项目 / 绘制：北京乾颠时代建筑艺术设计有限公司

① 黑河湿地接待中心 /设计：张掖勘察院 /绘制：成都市亿点数码艺术设计有限公司
② 江西省人防训练基地 /设计：中国瑞林建筑工程技术有限公司 /绘制：南昌汇制数字科技有限公司
③ 某小区会所 /绘制：合肥东方右图像文化有限公司

②

③

③

①

①

Business Architecture

旅游度假区 Tourist Resorts Area and Club

设计/绘制：合肥□□影像文化有限公司
□制：合肥□□□□文化有限公司
□□□□□□□科技有限公司
□□□□□□□□□动画

②

②

③

④

商业建筑 / **Business Architecture**

744 旅游度假区及会所 / Tourist Resorts Area and Club

崇明养老院 / 绘制：上海海纳建筑之画

住宅建筑
Housing Architecture

别墅
Villa
多层及小高层住宅区
Multi-storey and Medium Height Housing

商业建筑
Business Architecture

旅游度假区及会所
Tourist Resorts Area and Club
商业步行街
Commercial Walking Street

商业建筑 / Business Architecture

746/747 商业步行街 / Commercial Walking Street

① 绿地长春饕界 / 设计：上海水石国际 / 绘制：上海瑞丝数字科技有限公司
② 某商业街 / 设计：上海轩正建筑设计 / 绘制：上海瑞丝数字科技有限公司

商业建筑 / **Business Architecture**

748/749　商业步行街 / Commercial Walking Street

① Rain Street / 设计：天津景天汇影数字科技有限公司 张迺刚 / 绘制：天津景天汇影数字科技有限公司
② 某街道改造项目 / 绘制：黑龙江省日盛图像设计有限公司
③ 某沿街 / 绘制：黑龙江省日盛图像设计有限公司
④ 澜公馆 / 设计：天津华汇工程建筑设计有限公司 / 绘制：天津景天汇影数字科技有限公司

商业建筑 / **Business Architecture**

750/751 商业步行街 / Commercial Walking Street

① 楚城商业 / 设计：实现建筑（上海）设计事务所 / 绘制：丝路数码技术有限公司
② 万达项目 / 设计：易兰 / 绘制：丝路数码技术有限公司
③ 岳西某项目 / 绘制：上海鼎盛建筑设计有限公司
④ 元宝岛 / 设计：上海同规工程设计 / 绘制：上海一石数码科技有限公司

③

④

商业建筑 /Business Architecture

752/753 商业步行街 /Commercial Walking Street

① 都江堰某项目 / 设计：上海 PRC 建筑咨询有限公司 / 绘制：上海瑞丝数字科技有限公司
② 豫园 / 绘制：上海海纳建筑动画
③ 城皇庙改造 / 设计：刘倩 / 绘制：上海艺酷数字科技有限公司

商业建筑 / Business Architecture

754/755 商业步行街 / Commercial Walking Street

① 都江堰某项目 / 设计：上海 PRC 建筑咨询有限公司 / 绘制：上海瑞丝数字科技有限公司
② 都江堰玉堂 / 设计：上海 PRC 建筑咨询有限公司 / 绘制：上海瑞丝数字科技有限公司
③ 将军镇 / 设计：上海米川建筑设计事务所 / 绘制：上海瑞丝数字科技有限公司

①

②

商业建筑／Business Architecture

756/757 商业步行街／Commercial Walking Street

① 将军镇／设计：上海米川建筑设计事务所／绘制：上海瑞丝数字科技有限公司
② 内蒙古锡林浩特某项目／设计：上海米川建筑设计事务所／绘制：上海瑞丝数字科技有限公司

①

商业建筑 / **Business Architecture**

758/759 商业步行街 / Commercial Walking Street

① 苏州某项目 / 设计：上海必雅 / 绘制：上海瑞丝数字科技有限公司
② 西何各庄 / 设计：唯美设计公司 / 绘制：丝路数码技术有限公司
③ 昆明翠湖项目 / 设计：同济城市规划设计研究院 / 绘制：上海一石数码科技有限公司
④ 方山商业水街 / 设计：英国（上海）蓝道建筑规划 冯凡 / 绘制：上海一石数码科技有限公司
⑤ 东钱湖项目 / 绘制：杭州弧引数字科技有限公司

②

③

④

⑤

商业建筑 /Business Architecture

760/761　商业步行街 /Commercial Walking Street

① 上海衡山路某项目 / 设计：上海协宇建筑设计有限公司 孔晓健 / 绘制：上海谦和建筑设计有限公司
② 咸宁万豪温泉谷 / 设计：天华五所 / 绘制：丝路数码技术有限公司
③ 无锡崇安寺商业 / 设计：上海溯灵建筑设计咨询有限公司 / 绘制：上海鼎盛建筑设计有限公司
④ 盐城某项目 / 设计：上海鼎盛建筑设计有限公司 / 绘制：上海鼎盛建筑设计有限公司

商业建筑／**Business Architecture**

762/763 商业步行街／Commercial Walking Street

① 青浦某项目改造／设计：上海博骜建筑工程设计有限公司／绘制：上海鼎盛建筑设计有限公司
② 金城国际四期／设计：同济大学建筑设计研究院／绘制：南昌浩瀚数字科技有限公司
③ 金城国际／设计：同济大学建筑设计研究院／绘制：南昌浩瀚数字科技有限公司

商业建筑 / Business Architecture

764/765 商业步行街 / Commercial Walking Street

① 金城国际四期 / 设计：同济大学建筑设计研究院 / 绘制：南昌浩瀚数字科技有限公司
② 厦门万达项目 / 设计：上海鼎实建筑设计有限公司 / 绘制：上海艺筑图文设计有限公司
③ 金城国际 / 设计：同济大学建筑设计研究院 / 绘制：南昌浩瀚数字科技有限公司

THE
TEMPLE BAR
ESTD. 1840

①

①

②

商业建筑 /Business Architecture

766/767 商业步行街 /Commercial Walking Street

① 苏州二叶药厂项目 / 设计：上海同建强华建筑设计有限公司 王淞淞 / 绘制：上海谦和建筑设计有限公司
② 中华巴洛克 / 绘制：上海海纳建筑动画

②

商业建筑 / Business Architecture

768/769 商业步行街 / Commercial Walking Street

① 珠江广场项目 / 设计：合生创展 / 绘制：上海翰境数码科技有限公司
② 中华巴洛克 / 绘制：上海海纳建筑动画
③ 文城社区 / 设计：山东院上海分院建筑设计有限公司 / 绘制：上海艺筑图文设计有限公司
④ 某项目 / 绘制：南昌浩瀚数字科技有限公司

①

①

①

②

商业建筑 /Business Architecture

770/771 商业步行街 /Commercial Walking Street

① 武汉百瑞景商业街 / 设计：泛太平洋设计与发展有限公司 / 绘制：上海翰境数码科技有限公司
② 橡树湾 / 设计：天华三所 / 绘制：丝路数码科技有限公司

商业建筑 / **Business Architecture**

772/773　商业步行街 / Commercial Walking Street

武汉金家墩项目 / 设计：泛太平洋设计与发展有限公司 / 绘制：上海翰境数码科技有限公司

商业建筑 /**Business Architecture**

① 无锡魅力商业 / 设计：日清国际 / 绘制：上海翰境数码科技有限公司
② 武汉金家墩项目 / 设计：泛太平洋设计与发展有限公司 / 绘制：上海翰境数码科技有限公司

商业建筑 / Business Architecture

776/777 商业步行街 / Commercial Walking Street

① 地杰项目 / 设计：日清国际 宋工 / 绘制：上海翰境数码科技有限公司
② 无锡魅力商业 / 设计：日清国际 / 绘制：上海翰境数码科技有限公司

商业建筑 / **Business Architecture**

778/779 商业步行街 / Commercial Walking Street

① 滨江凯旋门商业项目 / 绘制：上海赫智建筑设计有限公司
② 青岛奥特莱斯 / 设计：深圳卓艺装饰设计工程公司 / 绘制：上海鼎盛建筑设计有限公司

商业建筑 / Business Architecture

780/781 商业步行街 / Commercial Walking Street

① 丹东华美项目 / 设计：上海鼎实建筑设计有限公司 / 绘制：上海艺筑图文设计有限公司
② 长沙某项目 / 设计：黄工 / 绘制：上海艺筑图文设计有限公司
③ 朝阳师专商业 / 设计：上海海珠建筑设计有限公司 / 绘制：上海艺筑图文设计有限公司
④ 蓝光商业街 / 设计：泛太平洋设计与发展有限公司 / 绘制：上海艺筑图文设计有限公司
⑤ 颖上新城 / 设计：颖上县新城房地产有限公司 / 绘制：上海艺筑图文设计有限公司
⑥ 崇安寺商业 / 设计：中联程泰宁建筑设计研究院 / 绘制：上海艺筑图文设计有限公司
⑦ 嘉兴地下商业街 / 设计：同济陈工 / 绘制：上海艺筑图文设计有限公司

商业建筑 / **Business Architecture**

782/783　商业步行街 / Commercial Walking Street

① 中山影视城 / 设计：中营都市 张暄 / 绘制：深圳市异时空电脑艺术设计有限公司
② 某商业街 / 绘制：南昌浩瀚数字科技有限公司

商业建筑 /Business Architecture

784/785 商业步行街 /Commercial Walking Street

① 中山影视城 / 设计：中营都市 张喧 / 绘制：深圳市异时空电脑艺术设计有限公司
② 西双版纳曼景兰新村 / 设计：GN 栖城 杨柳 / 绘制：杭州创昱数码图像设计有限公司

商业建筑 / **Business Architecture**

786/787 商业步行街 / Commercial Walking Street

① 盘江某项目 / 设计: 深圳万脉世纪建筑设计 / 绘制: 深圳市水木数码影像科技有限公司
② 简中某项目 / 设计: 四川大卫建筑设计有限公司 / 绘制: 成都市亿点数码艺术设计有限公司
③ 新疆某项目 / 设计: 上海合乐公司 / 绘制: 成都小蓝水晶数码图像设计制作有限公司
② ②

②

②

商业建筑 / Business Architecture

788/789 商业步行街 / Commercial Walking Street

① 石羊镇徐渡项目 / 设计：虎啸 / 绘制：浩瀚图像设计有限公司
② 无锡某商业体 / 绘制：浩瀚图像设计有限公司
③ 石桥子某项目 / 设计：奥斯丁 杨小波 / 绘制：深圳市异时空电脑艺术设计有限公司
④ 乐山嘉州长卷 / 绘制：成都市蓝水晶数码图像设计制作有限公司

商业建筑 / Business Architecture

790/791 商业步行街 / Commercial Walking Street

① 都江堰黑石河商业 / 设计：虎啸 / 绘制：浩瀚图像设计有限公司
② 无锡某商业 / 绘制：浩瀚图像设计有限公司

千峰葉政十程洲
清居宜月更宜秋
鵑光接水多僧舍
鶴唳喧雲名士樓
春暮業分藏寫明
政屋花靜釣魚舟
夜燈紅柳遠開
不遂人間萬戸侯

商业建筑 /**Business Architecture**

① 梅里古镇区 / 设计：大陆建筑设计有限公司 王崎 / 绘制：浩瀚图像设计有限公司
② 阊门西街 / 设计：苏州市规划设计院 / 绘制：苏州蔚蓝建筑效果图设计有限公司

商业建筑 / **Business Architecture**

794/795 商业步行街 / Commercial Walking Street

阊门西街 / 设计：苏州市规划设计院 / 绘制：苏州蔚蓝建筑效果图设计有限公司

商业建筑 / Business Architecture

796/797 商业步行街 / Commercial Walking Street

① 海盐商业街 / 设计：宏正建筑设计院 / 绘制：杭州景尚科技有限公司
② 无锡市巡塘古镇修复工程 / 设计：无锡市建筑科研设计院有限公司 / 绘制：艺派图文设计有限公司
③ 东钱湖项目 / 绘制：杭州弧引数字科技有限公司
④ 四川某项目 / 设计：王林林 / 绘制：上海椰韵图文设计有限公司

商业建筑 / **Business Architecture**

798/799 商业步行街 / Commercial Walking Street

宁波天宫庄园 / 设计：宁波笔奥 / 绘制：宁波青禾建筑图像设计有限公司

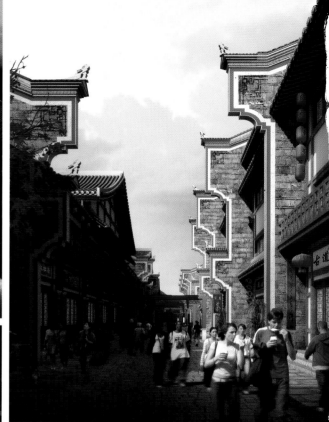

商业建筑/Business Architecture

800 商业步行街/Commercial Walking Street

玄妙观/设计：李国均/绘制：武汉星悦筑建筑设计有限公司